"十四五"高等院校国家规划应用型专业教材

工程测量实践指导书

刘 杰 主编

天津大学出版社

TIANJIN UNIVERSITY PRESS

图书在版编目(CIP)数据

工程测量实践指导书 / 刘杰主编. -- 天津 : 天津
大学出版社, 2022.7
"十四五"高等院校国家规划应用型专业教材
ISBN 978-7-5618-7252-9

Ⅰ.①工… Ⅱ.①刘… Ⅲ.①工程测量－高等学校－
教材 Ⅳ.①TB22

中国版本图书馆CIP数据核字(2022)第132771号

出版发行	天津大学出版社	
地　　址	天津市卫津路92号天津大学内（邮编:300072)	
电　　话	发行部:022-27403647	
网　　址	www.tjupress.com.cn	
印　　刷	廊坊市海涛印刷有限公司	
经　　销	全国各地新华书店	
开　　本	169 mm×239 mm	
印　　张	2.75	
字　　数	70千	
版　　次	2022年7月第1版	
印　　次	2022年7月第1次	
定　　价	16.00元	

前　言

近年来,发展应用型本科教育、培养本科层次的应用型人才成为许多高等院校的办学定位和目标。土建类应用型本科人才的核心特点是能够分析、解决实际问题,具有工程实践能力。因此要满足他们就业后的需要,解决他们日后转岗和后续发展的一系列问题,就必须培养他们的学习能力、应用能力和创新能力等,以满足社会主义市场经济对应用型本科人才的要求,这就对土建类高等教育实践教材提出了很高的要求。

随着工程测量领域改革的不断深化,测量设备的不断更新,工程测量实践内容必须结合新内容、新规范、新设备进行设置和安排。

本指导书是编者总结多年教学经验,结合我国土建类专业工程测量现状,按照土建类应用型人才培养的要求编写的。编者多次深入相关企业调研学习,与施工技术人员进行探讨,征求了很多测绘和施工单位专家的意见,力求使本指导书突出应用型本科教育的特点。

目　　录

工程测量实践须知

一、实践课的目的和要求

实践课的目的：一方面是巩固和验证课堂上所学的理论知识；另一方面是进一步了解所学测量仪器的构造和性能，掌握仪器的使用方法，使理论和实际结合起来。

实践课的要求：每次实践课前均需仔细阅读测量实践指导书并预习教材，在弄清楚实践操作、记录、计算及注意事项等内容要求的基础上动手实践，并认真完成规定的实践报告，实践课结束后必须及时上交实践报告。

二、仪器的借用办法

（1）每次实践所需仪器均在指导书上写明，实践课前由各组组长向测量仪器室借用。

（2）测量仪器室每次均根据任务，按组填好仪器借用单并配备好仪器，将仪器排列在仪器室的工作台上。

（3）各组按照填好的仪器借用单清点仪器及附件等，由组长在仪器借用单上签名并将其交给管理人员。

（4）初次接触仪器，未经教师讲解，对仪器性能不了解时，不得擅自架设仪器进行操作，以免弄坏仪器。

（5）实践完毕后，应立即将仪器交还测量仪器室，由管理人员暂时接收，由于交还仪器时间过于集中，管理人员来不及仔细检查，待下次他人借用前经清点无误（最长不超过一周）方算上次借用手续完毕。

（6）借出的仪器须妥善保护，如有遗失损坏，则应按照学校的规章制度处理。

三、使用仪器注意事项

测量仪器精密且价格昂贵，如有遗失损坏，不仅使学校财产受到损失，而且对测量工作也会造成极大的影响。每个人都应养成爱护仪器的良好习惯。使用仪器时应注意下列事项。

（1）领取仪器时应注意箱盖是否锁好，提带或背带是否牢固。

（2）打开仪器箱盖前，应将箱子平放在地面或台上后再打开。打开箱盖后应注意观察仪器及各附件在箱中安放的位置，以便用毕后将各部件稳妥地放回原处。

（3）将仪器放置于三脚架上后，应立即旋紧连接螺丝，旋动连接螺丝时不宜过松,以防松脱,也不宜过紧,以防损坏螺丝。

（4）仪器取出箱后,必须立即将箱盖关好,以防尘土进入和零件丢失。箱子应放在仪器附近,不得将箱子当凳子坐。

（5）不得用手指或粗布擦拭镜头,如有灰尘可用箱内的毛刷或麂皮擦拭。不许拆卸仪器,如有故障切勿强力扭动,应立即请指导教师处理。

（6）转动仪器时,必须先旋松制动螺丝,未旋松时,不可强行扭转。各处制动螺丝切勿拧得过紧。微动螺丝切不可旋到尽头。拨动校正螺丝时必须小心,先松后紧,松紧适度。

（7）搬运仪器时须微松各制动螺丝,万一被撞仪器可稍转动。望远镜应直立向上,三脚架与仪器的连接螺丝应旋紧,仪器最好直立抱持或夹三脚架于腋下,左手托仪器向上倾斜。绝对禁止横扛仪器于肩上,长距离搬运时应将仪器装入箱内。

（8）仪器用毕后按原来的位置装入箱内,箱盖若不能关闭应打开查看原因,不可强力按下。放入箱内的仪器的各制动螺丝应适度旋紧,以免仪器晃动。

（9）仪器必须有人看护,在烈日下必须打遮阳伞,以免晒坏仪器或影响仪器的测量精度。

（10）必须爱护一切工具和仪器。如钢尺、花杆等均不可抛掷,使用钢尺时不可让自行车、三轮车等车辆压过,拉紧钢尺时须先审视有无扭曲,移动钢尺时不得着地拖拉,钢尺使用完毕应擦拭干净,不得用水准尺、花杆抬东西。

（11）实践后,应清点各项用具,以免丢失,特别要注意清点零星物件。

四、测量记录注意事项

（1）实践记录须填在规定的表格里,随测随记,不得另纸记录。记录者应"回报"读数,以防听错记错。

（2）所有记录与计算均需用较好的绘图铅笔记录。字迹应端正清晰,字应只占格子的一半,以便留出空隙更改错误。

（3）记录表格中规定应填写的项目不得空着。

（4）记录禁止用橡皮擦拭或涂改,如记错需要修改,应以横线画去,不得使原字模糊不清,正确的数字应写在原字上方。

（5）改过的数字又发现错误时,不准再改,应将该部分观测成果废除重测。

（6）观测的数据应表现出观测的精度和真实性。如水准尺读至毫米,则应记1.320 m,不可记1.32 m;反之,若读至厘米,则应记1.32 m,不可记1.320 m。

（7）所有观测与计算的手簿均不准另行誊抄,如经教师许可重抄,原稿必须附于其后。

（8）严格要求自己,培养正确的作业习惯,所有观测记录都应按照规定要求填写,否则将根据具体情况部分或全部予以作废,重新测量。

项目一 水准仪的认识与使用

一、实习目的

了解 DS3 型光学水准仪的构造，并初步掌握其使用方法。

二、实习器具

DS3 型光学水准仪、双面水准尺、尺垫、记录板。

三、实习内容

（1）熟悉 DS3 型光学水准仪各部件的名称及作用。
（2）学会利用圆水准器粗略整平仪器。
（3）学会瞄准目标、消除视差。
（4）学会利用微倾螺旋精确整平仪器。
（5）利用望远镜中的中丝在水准尺上读数。
（6）测定地面上两个固定点间的高差。

四、实习要求

每个同学都必须熟悉实习内容，在指定地点选定待测点 A、B（距离不小于 40 m），组内同学不要更换待测点，至少应独立完成仪器安置、读数、计算各一次（即每个同学都要重新安置仪器，变动仪器的位置或高度）。

五、观测记录

测量数据填入表 1-1 中。

表 1-1　水准仪的认识与使用记录表

仪器编号：			天　气：		
日　　期：			观测者：		
班级组别：			记录者：		

安置仪器次数	测点	后视读数（m）	前视读数（m）	高差（m）	高程（m）
第一次	A				100.000
	B				

心得与总结

_____

_____

_____

_____

项目二 闭合路线水准测量

一、实习目的

掌握闭合路线水准测量的方法,熟悉相应的记录与计算。

二、实习器具

DS3 型光学水准仪、双面水准尺、尺垫、记录板。

三、实习内容

闭合路线水准测量:由某一已知水准点开始,经过 4~5 站,测回到已知点。

四、实习要求

(1)起点高程均假设为 100.000 m,不放尺垫,做好标志。

(2)视线长度不得超过 60 m,前后视距应大致相等。

(3)测量等级:等外水准测量。具体的精度要求:高差闭合差的容许值为 $12\sqrt{n}$ mm,若超限,则重测。

五、观测记录

测量数据填入表 2-1 中。

表 2-1　等外水准测量记录表

仪器编号：　　　　　　　　　　　　天　气：
日　　期：　　　　　　　　　　　　观测者：
班级组别：　　　　　　　　　　　　记录者：

测站	测点	后视读数（m）	前视读数（m）	高差（m）	高程（m）
1	A				100.000
∑					
辅助 计算	$\sum a=$ $f_h=$		$\sum b=$ $f_{h容}=$	$\sum h=$	

心得与总结

_____

_____

_____

_____

_____

项目三　支水准路线水准测量

一、实习目的

掌握支水准路线水准测量的方法,熟悉相应的记录与计算。

二、实习器具

DS3 型光学水准仪、双面水准尺、尺垫、记录板。

三、实习内容

支水准路线水准测量:由某一已知水准点开始,经过若干转点(不少于 2 个),测出未知水准点的高程。

四、实习要求

(1)往返测,起点高程均假设为 100.000 m,不放尺垫,做好标志。

(2)视线长度不得超过 60 m,前后视距应大致相等。

(3)测量等级:等外水准测量。具体的精度要求:高差闭合差的容许值为 $12\sqrt{n}$ mm,若超限,则重测。

五、观测记录

测量数据填入表 3-1 中。

表 3-1　等外水准测量记录表（往返测）

仪器编号： 日　期： 班级组别：				天　气： 观测者： 记录者：			
往测							
测站	测点	后视读数（m）	前视读数（m）	高差（m）	高程（m）	备注	
1	A				100.000		
	1						
2							
	2						
3							
	B						
Σ							
返测							
测站	测点	后视读数（m）	前视读数（m）	高差（m）	高程（m）	备注	
1	B						
	3						
2							
	4						
3							
	A				100.000		
Σ							
$f_h = h_{AB} + h_{BA} =$ $h_{AB} =$			$\pm 12 \sqrt{n} =$ $H_B =$		成果：		

心得与总结

_____

_____

_____

_____

项目四 四等水准测量

一、实习目的

掌握四等水准测量的方法，熟悉相应的记录、计算和检核。

二、实习器具

水准仪、水准尺、尺垫、记录板。

三、实习内容

（1）进行闭合路线水准测量（由某一已知水准点开始，经过若干转点、临时水准点测回到原来的水准点）。

（2）观测精度符合要求后，根据观测结果进行水准路线高差闭合差的调整和高程的计算。

四、实习要求

（1）计算沿途各转点间的高差和各点高程（假设起点高程为 100.000 m）。

（2）前后视距应大致相等。

（3）采用"后—后—前—前"的观测顺序。

（4）起点、终点上不放尺垫，转点上放尺垫。

（5）严格进行各项限差的检核，一旦发现超限应立即重测。

（6）各项限差如表 4-1 所示。

表 4-1　四等水准测量基本技术要求

视线长（m）	前后视距差（m）	前后视距累计差（m）	黑红面读数差（mm）	黑红面所测高差之差（mm）	高差闭合差（mm）
≤100	≤5.0	≤10.0	≤3.0	≤5.0	$\leqslant 20\sqrt{L}$

五、观测记录

测量数据填入表 4-2 和表 4-3 中。

表 4-2　四等水准测量观测手簿

仪器编号：　　　　　　　　　　　　　　　天　气：
日　　期：　　　　　　　　　　　　　　　观测者：
班级组别：　　　　　　　　　　　　　　　记录者：

测站编号	测点编号	后尺	下丝	前尺	下丝	方向及尺号	水准尺读数（m）		K+黑-红	高差中数（m）	备注
			上丝		上丝						
		后视距（m）		前视距（m）			黑面	红面			
		视距差（m）		视距累计差（m）							
						后					$K_1=$
						前					$K_2=$
						后-前					
						后					
						前					
						后-前					
						后					
						前					
						后-前					
						后					
						前					
						后-前					
						后					
						前					
						后-前					
						后					
						前					
						后-前					

测站编号	测点编号	后尺	下丝	前尺	下丝	方向及尺号	水准尺读数（m）		K+黑-红	高差中数（m）	备注
			上丝		上丝		黑面	红面			
		后视距（m）		前视距（m）							
		视距差（m）		视距累计差（m）							
						后					$K_1=$
						前					$K_2=$
						后-前					
						后					
						前					
						后-前					
						后					
						前					
						后-前					
						后					
						前					
						后-前					
						后					
						前					
						后-前					
校核计算											

11

表 4-3　水准测量成果整理

测段	测点	测段距离（m）	高差（m）	改正数（m）	改正后高差（m）	高程（m）	备注
Σ							
辅助计算							

心得与总结

项目五　二等水准测量

一、实习目的

掌握二等水准测量的方法,熟悉相应的记录、计算和检核。

二、实习器具

电子水准仪、铟瓦水准尺、尺垫、记录板。

三、实习内容

（1）进行闭合路线水准测量,计算沿途各转点间的高差和各点高程（假设起点高程为 100.000 m）。

（2）采用单程观测,每个测站观测两次高差。

四、实习要求

（1）观测顺序:奇数站为"后—前—前—后",偶数站为"前—后—后—前"。

（2）若测站观测误差超限,在本站检查发现后可立即重测,重测必须变换仪器高。若迁站后才发现,应从上一个点（起、闭点或者待定点）起重测。错误成果应当按规定画去,超限重测的须在"备注"栏中注明"超限"。

（3）测量主要技术要求和计算取位分别见表5-1和表5-2。

表 5-1　二等水准测量主要技术要求

视线长（m）	前后视距差（m）	前后视距累计差（m）	视线高度（m）	两次读数所得高差之差（mm）	水准仪重复测量次数
≥3 且≤50	≤1.5	≤6.0	≤1.85 且≥0.55	≤0.6	≥2 次

表 5-2　二等水准测量计算取位

等级	往测距离总和（m）	各测站高差 mm	往测高差总和（mm）	前后视距（m）	高程（mm）
二等	0.1	0.01	0.01	0.1	1

水准路线高差闭合差的容许值为 $\pm 4\sqrt{L}$ mm（L 为闭合水准路线长度,以 km 为单位）。

五、观测记录

测量数据填入表 5-3 和表 5-4 中。

表 5-3　二等水准测量观测手簿

仪器编号：					天　气：		
日　　期：					观测者：		
班级组别：					记录者：		

测站编号	后视距（m） 视距差（m）	前视距(m) 视距累计差（m）	方向及尺号	水准尺读数(m)		两次读数之差（m）	备注
				第一次读数	第二次读数		
			后				
			前				
			后-前				
			h				
			后				
			前				
			后-前				
			h				
			后				
			前				
			后-前				
			h				
			后				
			前				
			后-前				
			h				
			后				
			前				
			后-前				
			h				
			后				
			前				
			后-前				
			h				

表 5-4　高程误差配赋表

测点	距离(m)	观测高差(m)	改正数(m)	改正后高差(m)	高程(m)

心得与总结

项目六　经纬仪的认识与使用

一、实习目的

了解 DJ6 型光学经纬仪的构造，并学会其使用方法。

二、实习器具

DJ6 型光学经纬仪、花杆、记录板。

三、实习内容

（1）熟悉经纬仪各部分的构造及作用。

（2）学会经纬仪的对中、整平、瞄准和读数方法。

四、实习要求

（1）每个同学都必须熟悉实习内容，在指定地点选定待测点 A、O、B（距离不小于 20 m），组内同学不要更换待测点，至少安置一次仪器（对中、整平）于测站上，分别瞄准左、右两个目标，读出相应的水平度盘读数，并记录、计算。

（2）用盘左位置观测。

（3）对中误差应小于 3 mm。

（4）目标瞄准花杆最下部。

（5）计算角值：角值=右目标读数−左目标读数。

五、观测记录

测量数据填入表 6-1 中。

表 6-1 经纬仪的认识与使用记录表

仪器编号：　　　　　　　　　　　　天　气：
日　　期：　　　　　　　　　　　　观测者：
班级组别：　　　　　　　　　　　　记录者：

测站	目标	竖盘位置	水平度盘读数 ° ′ ″	角值 ° ′ ″	备注
O	A				
	B				

心得与总结

_____

_____

_____

_____

_____

项目七　测回法测水平角

一、实习目的

学会用测回法测水平角,并进行记录、计算。

二、实习器具

DJ6 型光学经纬仪、花杆、记录板。

三、实习内容

练习用测回法测水平角。

四、实习要求

(1)各组选定三个点 O、A、B,每人至少观测一个测回,换人可以不重新安置仪器。

(2)对中误差小于 3 mm,长水准管气泡偏离不超过一格。

(3)第一测回对零,其他测回应改变 $180°/n$。

(4)前、后半测回角值差不超过 $36''$,各测回角值差不超过 $24''$。

五、观测记录

测量数据填入表 7-1 中。

表 7-1　测回法测水平角记录表

仪器编号：				天　气：			
日　　期：				观测者：			
班级组别：				记录者：			

测站	测回	目标	竖盘位置	水平度盘读数 ° ′ ″	半测回角值 ° ′ ″	一测回角值 ° ′ ″	各测回平均角值 ° ′ ″	备注
O	1	A	左					
		B						
		A	右					
		B						

测站	测回	目标	竖盘位置	水平度盘读数 ° ′ ″	半测回角值 ° ′ ″	一测回角值 ° ′ ″	各测回平均角值 ° ′ ″	备注

心得与总结

_____

_____

_____

_____

_____

项目八 全圆测回法测水平角

一、实习目的

掌握用全圆测回法测水平角(包括记录、计算),进一步熟悉经纬仪的操作使用。

二、实习器具

DJ6 型光学经纬仪、花杆、记录板。

三、实习内容

练习用全圆测回法测水平角。

四、实习要求

(1)各组至少瞄准四个方向目标,每人至少观测一个测回,换人可以不重新安置仪器,但起始目标度盘配置数要改变 $180°/n$。

(2)半测回归零差不大于 $24''$。

(3)各测回同一归零方向值的互差不大于 $24''$。

五、观测记录

测量数据填入表 8-1 中。

表 8-1　全圆测回法测水平角记录表

仪器编号：　　　　　　　　　　　　　天　气：
日　　期：　　　　　　　　　　　　　观测者：
班级组别：　　　　　　　　　　　　　记录者：

测站	测回	目标	盘左读数 L	盘右读数 R	$2C=$ $L-(R\pm180°)$	平均读数 $\dfrac{L+R\pm180°}{2}$	归零方向值	各测回归零方向值	角值
			° ′ ″	° ′ ″	″	° ′ ″	° ′ ″	° ′ ″	° ′ ″
O	1	A							
		B							
		C							
		D							
		A							
O	2	A							
		B							
		C							
		D							
		A							
O	3	A							
		B							
		C							
		D							
		A							
O	4	A							
		B							
		C							
		D							
		A							
O	5	A							
		B							
		C							
		D							
		A							

测站	测回	目标	盘左读数 L	盘右读数 R	$2C=$ $L-(R\pm180°)$	平均读数 $\dfrac{L+R\pm180°}{2}$	归零 方向值	各测回 归零 方向值	角值
			° ′ ″	° ′ ″	″	° ′ ″	° ′ ″	° ′ ″	° ′ ″
O	6	A							
		B							
		C							
		D							
		A							
O	7	A							
		B							
		C							
		D							
		A							

心得与总结

_____

_____

_____

_____

_____

项目九　竖直角观测

一、实习目的

了解经纬仪竖直度盘的构造特点,学会竖直角的观测、计算以及竖盘指标差的计算。

二、实习器具

经纬仪、记录板。

三、实习内容

(1)用盘左、盘右观测一个高处目标的竖直角。

(2)求出竖盘指标差。

四、实习要求

每人观测两个目标。

五、观测记录

测量数据填入表 9-1 中。

表 9-1　竖直角观测记录表

| 仪器编号：　　　　　　　　　　　　　　　　　天　气：
日　期：　　　　　　　　　　　　　　　　　观测者：
班级组别：　　　　　　　　　　　　　　　　记录者： |

测站	目标	竖盘位置	竖盘读数	竖直角	$\alpha = \dfrac{\alpha_R + \alpha_L}{2}$	$x = \dfrac{\alpha_R - \alpha_L}{2}$	备注
			o ′ ″	o ′ ″	o ′ ″	″	
		左					
		右					
		左					
		右					
		左					
		右					
		左					
		右					

竖直角计算公式：

$\alpha_L =$　　　　　　　　　　　$\alpha_R =$

心得与总结

_____

_____

_____

_____

_____

项目十　视距测量

一、实习目的

掌握用视距法测定碎部点与测站点间的高差与水平距离。

二、实习器具

经纬仪、视距尺、计算器、记录板。

三、实习内容

安置仪器于测站上,各组同学每人轮换测量周围的五个固定点(自己选定点后做标志),将观测数据记录在视距测量观测数据记录表中,用计算器计算出水平距离和高差。

四、实习要求

水平角、竖直角读数到分,水平距离计算至 0.1 m,高差计算至 0.01 m。

五、观测记录

测量数据填入表 10-1 中。

表 10-1 视距测量观测数据记录表

日期：　　　　　　测站名称：　　　　　　观测者：　　　　　　仪 器 高：

天气：　　　　　　测站高程：　　　　　　记录者：　　　　　　仪器编号：

班级组别：

测点	下丝读数 上丝读数 （m）	视距 间隔 （m）	中丝 读数 （m）	竖盘读数 ° ′ ″	竖直角 ° ′ ″	水平 距离 D（m）	初算 高差 h′（m）	高差 h（m）	测点 高程 H（m）

心得与总结

_____

_____

_____

_____

_____

项目十一　距离丈量

一、实习目的

掌握用钢尺丈量距离的方法。

二、实习器具

钢尺、花杆、测钎、锤球、木桩、记录板。

三、实习内容

在平坦或倾斜的地面上选定一条不短于 80 m 的直线，用边定线边丈量的普通丈量方法，往返丈量其水平距离。

四、实习要求

往返丈量的相对误差应小于 1/2 000。

五、观测记录

测量数据填入表 11-1 中。

表 11-1　距离丈量记录表

起点	终点	往测		返测		往返测平均值	相对误差	备注
		$l(m)$	$D(m)$	$l(m)$	$D(m)$			
		n		n				
		$q(m)$		$q(m)$				

仪器编号：　　　　　　　　　　天　气：
日　　期：
班级组别：　　　　　　　　　　观测者：
　　　　　　　　　　　　　　　记录者：

心得与总结

_____

_____

_____

_____

_____

项目十二　全站仪的认识与使用(一)

一、实习目的

（1）了解全站仪的基本构造和性能，熟悉各按键的名称及功能，并熟悉全站仪的使用方法。

（2）掌握全站仪的安置方法和距离测量方法。

二、实习器具

全站仪（含脚架一个、目标杆一根、棱镜与觇牌一套）、记录板。

三、实习内容

1. 了解全站仪的基本构造

（1）通过教师讲解和阅读全站仪使用说明书，了解全站仪的基本结构、各操作部件的名称和作用。

（2）了解全站仪键盘上各按键的名称、功能及显示符号的含义（表 12-1）。

表 12-1　显示符号及其含义

符号	含义	符号	含义
V	竖直角	*	电子测距正在进行
V%	百分度	m	以米为单位
HR	水平角（右角）	ft	以英尺为单位
HL	水平角（左角）	F	精测模式
HD	平距	T	跟踪模式（10 mm）
VD	高差	R	重复测量
SD	斜距	S	单次测量
N	北向坐标	N	N 次测量
E	东向坐标	ppm	大气改正值
Z	天顶方向坐标	psm	棱镜常数值

2.熟悉全站仪的基本操作

1)测量前的准备工作

（1）电池的安装。

（2）仪器的安置（初步对中、粗略整平、精确整平、精确对中,方法同经纬仪）。

（3）调焦与照准目标。操作步骤与一般的经纬仪相同,注意消除视差。

2)距离测量

（1）在键盘上按距离测量模式键,切换到距离测量模式。全站仪的测距模式有精测模式、跟踪模式、粗测模式三种。精测模式是最常用的测距模式;跟踪模式常用于跟踪移动目标或放样时连续测距。

（2）量仪器高、棱镜高并输入全站仪。

（3）照准目标棱镜中心,按测距键,距离测量开始,测距完成后显示斜距、平距、高差。

四、实习要求

（1）使用全站仪时必须严格遵守操作规程,爱护仪器。

（2）仪器对中完成后,应检查连接螺丝是否将仪器与脚架牢固连接,以防仪器摔落。

（3）在阳光下使用全站仪测量时,一定要撑伞遮挡仪器,严禁将望远镜正对阳光。

（4）当电池电量不足时,应立即结束操作,更换电池。在装卸电池前,必须先关闭电源。

（5）迁站时,即使距离很近,也必须取下全站仪装箱搬运并注意防震。

五、观测记录

测量数据填入表 12-2 中。

表 12-2　距离、高差观测记录表

仪器编号：			天　气：
日　期：			观测者：
班级组别：			记录者：

测站	目标	竖盘位置	距离观测		
			斜距（m）	平距（m）	高差（m）
	A	左			
		右			
	B	左			
		右			

心得与总结

项目十三　全站仪的认识与使用（二）

一、实习目的

（1）了解全站仪的基本构造和性能，熟悉各按键的名称及功能，并熟悉全站仪的使用方法。

（2）掌握全站仪的安置方法和角度测量方法。

二、实习器具

全站仪（含脚架一个、目标杆一根、棱镜与觇牌一套）、记录板。

三、实习内容

1. 了解全站仪的基本构造

（1）通过教师讲解和阅读全站仪使用说明书，了解全站仪的基本结构、各操作部件的名称和作用。

（2）了解全站仪键盘上各按键的名称、功能及显示符号的含义（表 13-1）。

表 13-1　显示符号及其含义

符号	含义	符号	含义
V	竖直角	*	电子测距正在进行
V%	百分度	m	以米为单位
HR	水平角（右角）	ft	以英尺为单位
HL	水平角（左角）	F	精测模式
HD	平距	T	跟踪模式（10 mm）
VD	高差	R	重复测量
SD	斜距	S	单次测量
N	北向坐标	N	N 次测量
E	东向坐标	ppm	大气改正值
Z	天顶方向坐标	psm	棱镜常数值

2. 熟悉全站仪的基本操作

1）测量前的准备工作

（1）电池的安装。

（2）仪器的安置（初步对中、粗略整平、精确整平、精确对中,方法同经纬仪）。

（3）调焦与照准目标。操作步骤与一般的经纬仪相同,注意消除视差。

2）角度测量（四个测回）

（1）在键盘上按角度测量模式键,切换到角度测量模式。

（2）第一测回:盘左瞄准左目标 A,按置零键,使水平度盘读数显示为 $0° 00′ 00″$,顺时针旋转照准部,瞄准右目标 B,读取显示读数。

（3）用同样的方法进行盘右观测。

（4）第二测回:按照 $180°/n$ 配置度盘,盘左瞄准左目标 A,按置零键,使水平度盘读数显示为 $45° 00′ 00″$,其余步骤同（2）和（3）。

（5）其余测回:配置度盘方法同（4）,按照 $180°/n$ 配置度盘。

（6）如果测竖直角,可在读取水平度盘读数的同时读取竖盘读数。

四、实习要求

（1）使用全站仪时必须严格遵守操作规程,爱护仪器。

（2）仪器对中完成后,应检查连接螺丝是否将仪器与脚架牢固连接,以防仪器摔落。

（3）在阳光下使用全站仪测量时,一定要撑伞遮挡仪器,严禁将望远镜正对阳光。

（4）当电池电量不足时,应立即结束操作,更换电池。在装卸电池前,必须先关闭电源。

（5）迁站时,即使距离很近,也必须取下全站仪装箱搬运并注意防震。

五、观测记录

测量数据填入表 13-2 中。

表 13-2　水平角、竖直角观测记录表

测站	竖盘位置	目标	水平角观测			竖直角观测
			水平度盘读数	半测回角值	一测回角值	竖直角
			° ′ ″	° ′ ″	° ′ ″	° ′ ″
	左					
	右					

仪器编号：
日　　期：
班级组别：

天　气：
观测者：
记录者：

心得与总结

_____

_____

_____

_____

_____

项目十四 施工放样基本工作——点的平面位置和高程测设

一、实习目的

掌握用极坐标法进行点的平面位置测设和用水准仪进行设计高程的测设。

二、实习器具

经纬仪、水准仪、水准尺、钢尺、花杆、木桩、测钎、斧头、计算器、记录板。

三、实习内容

(1)计算准备点平面位置(用极坐标法)的放样数据并进行测设。
(2)计算准备点设计高程的放样数据并进行测设。

四、实习要求

(1)按所给的假定条件和数据,计算出放样数据。
(2)根据计算出的放样数据进行测设,每组测设两个点。
(3)计算完毕和测设完毕后,都必须进行认真的校核。

五、点位测设记录

1. 计算用极坐标法放样的测设数据

假定控制边 AB 的起点 A 的坐标为 x_A=56.56 m,y_A=70.65 m,控制边的方位角 α_{AB}=90°。已知建筑物轴线上点 1 和点 2 的距离为 15.00 m,其设计坐标为:x_1=71.56 m,y_1=70.65 m;x_2=71.56 m,y_2=85.65 m。计算测设数据并将其填入表 14-1 中。

表 14-1 测设数据计算表

$\tan \alpha_{A1} =$ _____ =	$\alpha_{A1} =$
$\tan \alpha_{A2} =$ _____ =	$\alpha_{A2} =$
$d_{A1} =$ _____ =	$d_{A2} =$ _____ =
计算校核:	
$d_{A1} =$ _____ =	$d_{A2} =$ _____ =
$\beta_1 = \alpha_{A1} - \alpha_{AB} =$	$\beta_2 = \alpha_{A2} - \alpha_{AB} =$

测设后经检查,点 1 和点 2 的距离 $d_{12} =$ _____m,与已知值 15.00 m 相差 _____cm。

2. 计算高程放样数据

假设点 1 和点 2 的设计高程为:$H_1 = 50.000$ m,$H_2 = 50.100$ m。控制点 A 的高程为 H_A,可结合放样场地的情况,假设 $H_A =$ _____。

计算前视尺读数:

$b_1 = H_A + a_1 - H_1 =$

$b_2 = H_A + a_2 - H_2 =$

测设后经检查,点 1 和点 2 的高差 $h_{12} =$ _____mm。

心得与总结

_____

_____

_____

_____

_____